AF454603

DISCOURS

SUR

L'HISTOIRE DE L'AGRICULTURE.

DISCOURS

SUR L'HISTOIRE

DE

L'AGRICULTURE,

LU DANS LA SÉANCE PUBLIQUE

DE LA SOCIÉTÉ ROYALE D'AGRICULTURE,

HISTOIRE NATURELLE

ET ARTS UTILES DE LYON,

LE 3 SEPTEMBRE 1832,

Par M. Crolliet,

PRÉSIDENT DE LA SOCIÉTÉ.

Imprimé par ordre de la Société.

LYON,

IMPRIMERIE DE J. M. BARRET, PLACE DES TERREAUX.

1833.

DISCOURS

SUR

L'HISTOIRE DE L'AGRICULTURE,

Par M. Crolliet,

PRÉSIDENT DE LA SOCIÉTÉ.

❊ ❊ ❊

MESSIEURS,

Si le premier besoin de l'homme est de pourvoir à son existence, l'agriculture doit être le plus utile des arts et la première de toutes les industries. Par elle le sein fécond de la terre offre à ses habitans d'abondantes productions dans toutes les régions où la végétation est possible.

Bien qu'elle ait été un besoin de tous les temps, une occupation essentielle et non interrompue depuis le premier âge du monde, ses progrès ont suivi, au travers des siècles, ceux de l'intelligence humaine et les vicissitudes de la civilisation.

Perfectionnée chez les peuples anciens qui se livrèrent à l'étude des sciences et des arts, l'agriculture n'a été, dans les siècles obscurs, qu'une pratique routinière abandonnée aux serfs qui labouraient, semaient et moissonnaient, guidés presque par le seul instinct de leur conservation. Le XVI.e siècle a été aussi l'époque de la renaissance de l'agriculture; moins favorisée que les lettres, elle a eu encore deux siècles d'enfance.

L'histoire de l'agriculture présente donc trois grandes périodes, celle des temps anciens, celle du moyen-âge et celle des siècles modernes. Nous allons signaler les traits principaux de ces trois grandes périodes.

On pense que c'est dans l'ancienne Égypte que l'art de cultiver la terre fut d'abord porté au plus haut degré de perfection; on y voit encore les traces les plus anciennes de ces travaux immenses consacrés à l'agriculture. Le sol riche de cette vaste contrée n'était pas seulement fertilisé par les inondations périodiques du Nil, qui y répandait une terre végétale entraînée des forêts élevées de l'Abyssinie; il l'était aussi par les eaux du lac Mœris, réservoir de dix lieues de tour, creusé, sous les premiers Pharaons, par la main des hommes. Ce grand réservoir était destiné à recevoir les eaux du fleuve, dans les trop grandes inondations, pour les répandre et conserver au sol sa fertilité dans les temps de sécheresse. Nulle autre contrée ne présente des traces d'un aussi immense travail. Aussi l'Égypte était couverte de villes florissantes, et sa population, devenue surabondante, se répandit en colonies dans diverses contrées de l'Asie et de l'Europe.

Les Grecs, ensuite, firent de moins grands travaux ; mais ils rendirent à l'agriculture les plus grands honneurs. Des divinités présidaient aux travaux des champs; et sans doute, par ces allégories ingénieuses, les Grecs entendaient que, pour donner à la terre sa plus grande fécondité, le travail ne suffisait pas, s'il n'était dirigé par des connaissances élevées, par un génie divin.

Pour honorer le premier des arts, des temples furent élevés à Cérès, à Bacchus; et de toute la Grèce on accourait aux fêtes d'Éleusis, où les prémices des fruits de la terre étaient offertes à la déesse des moissons.

L'agriculture reçut à Rome un nouveau genre d'honneur; c'est de la charrue que furent tirés plusieurs de ces hommes illustres dont les mains, endurcies aux travaux de la terre, guidèrent à la victoire ces armées qui firent de Rome la maîtresse du monde. Après le triomphe, les guerriers reprenaient leurs travaux paisibles des champs. Ainsi se trouvait honorée l'agriculture qui faisait succéder l'abondance à la victoire.

Élevée par de glorieuses mains à un haut degré de perfection, l'agriculture eut aussi ses historiens parmi les hommes célèbres, et de précieuses connaissances nous ont été transmises par Varron, Caton, Columelle et Pline. Elle fut encore célébrée par la poésie, et le plus illustre des poètes latins a tracé en vers harmonieux les préceptes de cet art. On aime à parcourir les chants que lui a consacrés Virgile, soit qu'il indique les moyens d'obtenir d'abondantes moissons : *Quid faciat lætas segetes;* soit qu'il fasse connaître les soins à donner aux troupeaux : *Quæ cura boum;* soit qu'il trace les combats et les travaux merveilleux de l'industrieuse abeille; soit enfin qu'il peigne le bonheur réservé aux paisibles habitans des campagnes : *O fortunatos nimiùm, sua si bona nôrint, agricolas.....!*

Ces chants du Cygne de Mantoue précédèrent la fin de tant de travaux honorables et de tant de gloire.

La liberté avait développé les facultés et le courage des Romains; les conquêtes furent l'abus de la force; la guerre, qui fit dominer le pouvoir militaire, éleva le trône absolu des Césars; la liberté fut anéantie.

Après la décadence du vaste empire, les pro-
vinces devinrent la proie de chefs qui s'en empa-
rèrent par la force. Les terres furent la proprié-
té de quelques hommes privilégiés qui ne s'en
occupaient point. Elles étaient possédées ou par
des seigneurs dont la gloire consistait à se défen-
dre et à attaquer, en réunissant leurs vassaux pour
ravager les terres du plus faible, ou par des
moines qui, passant leur vie à prêcher l'abandon
des biens de ce monde, agrandissaient leurs do-
maines et ajoutaient la dîme à leur insuffisance.
Les serfs labouraient. Les disettes étaient fré-
quentes, et de vastes champs incultes semblaient
attendre un meilleur avenir.

Ajoutons à cela des guerres continuelles de re-
ligion au nom d'un Dieu de paix, et l'envahisse-
ment de l'islamisme, et nous aurons tout le secret
de l'ignorance qui couvrit l'Europe jusqu'au XVI.ᵉ
siècle.

Hâtons-nous de franchir cette longue période
de barbarie dont l'histoire ne présente que les
tristes effets de l'abus du pouvoir le plus aveugle.

La renaissance de l'agriculture, comme celle
des lettres, date du milieu du XVI.ᵉ siècle. Là com-
mence une troisième période dans laquelle cet art
s'est perfectionné au point où il est de nos jours.

C'est alors que fut imprimé le premier ouvrage
remarquable d'agriculture qui ait paru en France.

et qui pendant plus de deux siècles a été le seul guide des agriculteurs; nous le retrouvons encore dans la bibliothèque de nos pères, c'est la *Maison rustique*. La première édition fut publiée en 1564, selon quelques écrivains. Cet ouvrage est dû à *Charles Étienne*, de cette illustre famille d'imprimeurs qui ont tant contribué aux progrès des lettres en France dans le XVI.ᵉ siècle, et à *Liébaud*, son gendre, qui y ajouta plusieurs chapitres.

Aucun écrit sur cette matière n'a eu un aussi grand succès; seul, il formait presque toutes les bibliothèques agricoles.

Ce fut 40 ans plus tard que parut le *Théâtre d'agriculture* d'Olivier de Serres, enrichi des connaissances qu'une grande érudition et une longue pratique avaient acquises à son auteur; le *Théâtre d'agriculture* fut d'abord très-recherché, et Henri IV, à qui il était dédié, se plaisait à le lire. On sait que ce roi, qui aimait l'agriculture, chercha à introduire dans nos contrées la culture des mûriers. Il était secondé par son ministre Sully qui appelait l'agriculture les mamelles de l'état.

L'ouvrage d'*Olivier de Serres*, recherché d'abord, puisque le roi l'avait lu, resta ensuite dans l'oubli pendant plus d'un siècle; on lui préférait la *Maison rustique*, dont le style était plus simple. Ce n'est que de nos jours qu'il a été tiré de cet oubli, et qu'Olivier de Serres a été considéré comme un auteur très-remarquable.

Une nouvelle édition du *Théâtre d'agriculture* a été publiée, en 1804, par la Société d'agriculture de la Seine.

Sous les règnes suivans, aucun encouragement ne fut donné à cet art si utile.

Le règne de Louis XIV, glorieux pour la littérature, fut à peu près nul pour l'agriculture. Le ministre Colbert, fondateur de la Compagnie des Indes, accordait toutes ses faveurs à l'industrie. Toutefois, les jardins créés à grands frais par le monarque servirent à l'avancement d'une branche agricole.

Laquintinie était directeur-général des jardins fruitiers et potagers de toutes les maisons royales. Les connaissances qu'il avait acquises le faisaient rechercher des grands, et il traça les jardins potagers du prince de Condé, du duc de Montansier et de Colbert. Celui qu'il créa à St-Cloud, pour le roi, ne coûta pas moins de dix-huit cent mille francs.

Louis XIV, dit un historien, après avoir entendu Turenne ou Colbert, s'entretenait avec Laquintinie, et se plaisait souvent à façonner un arbre de sa main.

Laquintinie cherchait à plaire au roi, et sachant que les figues étaient son fruit de prédilection, il mettait tous ses soins à en perfectionner la culture.

Le Traité sur les jardins fruitiers et potagers, que cet auteur a publié, a été long-temps le seul guide des jardiniers ; on le lit peu maintenant, d'autres écrits plus estimés ayant paru, sur l'art de cultiver les jardins, que Boileau, dans une épître à son jardinier, appelle *l'art de Laquintinie*. Parmi ces écrits on distingue la *Pratique du jardinage*, par Roger Schabol, qu'il ne faut pas confondre avec la *Théorie* (surannée) *du jardinage*, du même auteur.

Vers le milieu du siècle dernier, *Duhamel* publia plusieurs ouvrages utiles sur l'agriculture. Le plus estimé est un *Traité sur les arbres fruitiers ;* il est orné de figures que l'on consulte encore aujourd'hui lorsqu'on veut rechercher les espèces et les variétés. Ces figures ont été reproduites avec trop de luxe pour que leur prix soit à la portée des jardiniers ; ce serait une chose utile de les répandre à peu de frais par des procédés lithographiques.

D'autres ouvrages furent publiés, sur divers points d'agriculture, avant la fin du siècle dernier. Mais à cette époque la science agronomique n'existait point encore, et le *Théâtre d'agriculture* d'Olivier de Serres n'avait point été tiré d'un injuste oubli.

C'est à un Lyonnais qu'était réservée la gloire de fonder la science agricole.

L'abbé *Rozier*, remarquable par l'universalité de ses connaissances, était déjà connu par un grand nombre de productions importantes, et avait contribué à propager l'étude des sciences par son excellent journal de physique, continué ensuite par de Lametherie.

Il conçut le projet de réunir, dans un traité complet d'agriculture, toutes les connaissances acquises jusqu'à lui. Dès-lors il y travailla avec une ardeur infatigable. Il le publia sous le titre de *Cours complet d'agriculture*, et lui donna la forme d'un dictionnaire. Il était directeur de la pépinière du Lyonnais, place qui avait été créée pour lui, lorsqu'il fit paraître le huitième volume, le dernier auquel il ait travaillé. Cet ouvrage, qui a été achevé après lui, fut recherché par les savans et les agriculteurs qui abandonnèrent aussitôt la vieille *Maison rustique*.

L'édition du *Cours d'agriculture* était épuisée; il fallait répondre aux désirs du public, et revoir quelques points restés imparfaits sous la plume abondante de l'abbé Rozier. Des savans entreprirent de satisfaire à ce double besoin.

Deux éditions nouvelles parurent en même temps, l'une en 6 vol., par Sonnini et Lamark; l'autre en 13 vol., par Thouin, Parmentier, Teissier et Huzard, c'est-à-dire, par les hommes qui réunissaient le plus de savoir et d'expérience. Elles furent publiées l'une et l'autre en 1809.

Enfin une édition en 16 volumes a été donnée en 1822 par les membres de la section d'agriculture de l'Institut, sous la direction spéciale du savant *Bosc*.

Ce cours est une réunion des meilleurs Mémoires qui aient paru sur les diverses parties de l'agriculture. On peut dire qu'il n'existe rien de mieux, ni de plus complet.

Il n'est point un ouvrage de pure théorie, mais le résultat de l'observation pratique des hommes qui ont le plus contribué aux progrès de l'agriculture, soit en Allemagne, où le savant Thaer imprimait un mouvement utile ; soit en Angleterre, où l'infatigable Arthur Young a consumé 53 ans de sa vie à des travaux agricoles ; soit en France, où tant de bons écrits ont été publiés depuis un demi-siècle.

Ainsi l'agriculture, si honorée chez les peuples anciens, qui ne fut, dans le moyen-âge, qu'un art enchaîné par une étroite routine, est désormais une science étendue à laquelle les sciences physiques et naturelles se lient. Elle a ses préceptes, qu'il serait utile d'enseigner aussi bien que le grec ou les arts d'agrément, et qui probablement ne tarderont pas à l'être dans des écoles-pratiques, dans des fermes-modèles, qui se multiplieront sans doute. C'est pour les hommes qui cultiveront cette science que la terre doublera les moissons et produira les plus beaux fruits.

En vous rappelant les traits principaux de ce troisième âge, j'aurais dû vous dire la part que les Sociétés d'agriculture établies depuis un demi-siècle ont eue dans les progrès de la science agricole, en propageant les bonnes pratiques, et en faisant connaître les heureuses découvertes.

Et s'il m'eût été permis de vous entretenir des meilleurs Mémoires sur cette matière, je vous aurais cité ceux du savant magistrat (1) qui nous préside en ce jour, et dont les Sociétés savantes ont enrichi leurs publications; mais je dois m'arrêter, et céder à votre impatience d'entendre ceux de mes collègues auxquels l'ordre veut que je cède la parole.

(1) M. de Gasparin, correspondant de l'institut, préfet du Rhône.

www.ingramcontent.com/pod-product-compliance
Lightning Source LLC
LaVergne TN
LVHW021626170726
843501LV00010B/4181